Ein Wort zuvor

W0201629

Vor etwa 400 Millione
rer heutigen Amphibie
Land geschafft – allerd
vermehren und entwic
wenigen Ausnahmen sind sie in ihren ersten Lebensabschnitten, der Embryonal- und der Larvenzeit, an das Wasser gebunden. Selbst erwachsene Amphibien sind aufgrund ihrer dünnen, ungeschützten Haut auf eine mehr oder minder feuchte Umwelt angewiesen. Erst die Reptilien konnten sich völlig vom Wasser lösen und neue Lebensräume erobern. Der entscheidende Entwicklungsschritt neben der Bildung einer dicken, nahezu wasserundurchlässigen Hornhaut war die Perfektionierung des Eies; der Teich der Kaulquappe ist bei Reptilien auf eine enge, von embryonalen Hüllen isolierte Flüssigkeitsblase (Amnionhöhle) geschrumpft; dieses Prinzip blieb bis zu den Säugern erhalten. Obwohl die Baupläne der Amphibien und der Reptilien grundverschieden sind, findet sich auch Gemeinsames: die Abhängigkeit der Lebensprozesse von der Außentemperatur – eine Eigenschaft, die Verhalten, Aktivität und Verbreitung entscheidend beeinflußt. Und noch etwas haben diese Tiere gemeinsam. Seit Menschengedenken sind sie gefürchtet und geächtet. Schon in der Bibel verkörpert die Schlange das Böse in der Welt, im Märchen muß erst ein »häßlicher« Frosch an die Wand geworfen werden, damit der Prinz entzaubert wird, und vom harmlosen Feuersalamander behauptete Plinius, er sei »das größte Scheusal unter allen Gifttieren, das ohne Reue ganze Völker vernichtet«. Mittelalterliches »Wissensgut« über Salamander, Kröten und Schlangen hat sich bis in unsere aufgeklärte Zeit erhalten, und nur wenige Menschen können ihre anerzogene Scheu überwinden und in diesen Tieren auch das Schöne und Interessante bewundern – etwa die grazilen Bewegungen einer Schlange, das bernsteinfarbene Auge der Erdkröte oder die Umwandlung der Kaulquappe zum Frosch, die mit zum Erstaunlichsten gehört, was in der Natur alljährlich geschieht.

Während früher nur einzelne Exemplare getötet wurden, bringt das Industriezeitalter den Amphibien und Reptilien Massenvernichtung. Vor allem die Trockenlegung von Feuchtgebieten und die Verbauung von Bach- und Flußufern

läßt Frösche, Kröten, Unken und Molche von Jahr zu Jahr seltener werden. In der Schweiz wurden in den letzten 150 Jahren nahezu 90% der Feuchtgebiete zerstört; in der Bundesrepublik Deutschland und in Österreich sind die meisten Amphibien- und Reptilienarten in ihrem Bestand bedroht. Hauptanliegen dieses neuen Bandes der GU-Kompaßreihe, in dem 25 Amphibien- und 52 Reptilienarten in naturgetreuen Farbfotos und leicht verständlichen Beschreibungstexten vorgestellt sind, ist es, fundiertes Wissen über diese Tiere zu vermitteln.
Die Erklärung der farbigen Kennstreifen, die Erläuterungen der Stichworte in den Steckbriefen (→ Seite 73), Wissenswertes über die Biologie der beschriebenen Tierarten (→ Seite 76) sowie Wichtiges über Giftschlangen und Erste Hilfe bei Schlangenbiß (→ Seite 78) ergänzen die Aussagen der Beschreibungen. – Die Symbole in den Steckbriefen bedeuten:

- ▽ = In den meisten europäischen Ländern vom Aussterben bedrohte Art.
- Ⓢ = Gefährdete, gebietsweise sogar stark gefährdete Art.

Die Verbreitung der Kenntnisse über Lebensweise und artspezifische Bedürfnisse können mithelfen, den Lebensraum der Amphibien und Reptilien zu erhalten und ein Aussterben dieser Tierarten in weiten Gebieten zu verhindern. *Rudolf Hofer*

Der Autor: Dr. Rudolf Hofer, Dozent am Institut für Zoologie, Abteilung Zoophysiologie, der Universität Innsbruck, Mitarbeiter im Innsbrucker Alpenzoo und am Institut für Fischforschung in Thaur. Autor der beiden GU-Kompasse »Alpentiere« und »Süßwasser-Fische«.

Amphibien- und Reptilien-Register

Feuersalamander 15–28 cm

Salamandra salamandra Familie: Salamander

Verbreitung: W-, Mittel-, S- und SW-Europa. **Lebensraum:** Feuchte Wälder in Hügel- und Bergland; aquatische Rasse in Zentralspanien, sonst nachtaktiver Landsalamander, bei feuchtwarmem Wetter auch tagaktiv. **Kennzeichen:** Glänzendschwarz mit leuchtendgelben, selten orangen Flecken (*S. s. salamandra:* Bild oben) oder breiten Längsstreifen (*S. s. terrestris,* W-Europa: Bild unten); stark entwickelte Ohrdrüsen, Schwanz mit rundem Querschnitt. Mehrere Rassen. Durch giftiges Hautsekret vor Feinden geschützt; auffällige Farbe als Warnsignal. **Fortpflanzung:** Paarung an Land, Embryonalentwicklung im Uterus, große, schon weit entwickelte Larven werden in klares Wasser abgesetzt.

Alpensalamander

11–16 cm

Salamandra atra

Familie: Salamander

Verbreitung: Alpen, W-Balkan bis N-Albanien. **Lebensraum:** Bergwälder, Zwergstrauchregion und Geröllhalden der Gebirge von 800 bis 3000 m Höhe; nachtaktiver Landsalamander, oft unter Steinen zu finden, bei feuchtwarmem Wetter auch tagaktiv. **Kennzeichen:** Ähnlich wie Feuersalamander (→ Seite 4), aber vollkommen schwarz; vom landlebenden Alpenmolch (→ Seite 7) durch schwarzen Bauch, drüsenreiche Haut mit giftigem Sekret und runden Schwanzquerschnitt leicht zu unterscheiden. **Fortpflanzung:** In 1- bis 3jähriger »Tragzeit« entwickeln sich im Mutterleib 2 mit Kiemen ausgestattete Larven, die sich von den nicht zur Entwicklung gelangenden Eiern ernähren und als voll entwickelte Salamander geboren werden.

nachtaktiv

Brillensalamander

7–11 cm

Salamandrina terdigitata

Familie: Salamander

Verbreitung: Westliches Italien von Ligurien bis Kalabrien. **Lebensraum:** Bewaldete, unterwuchsreiche Berghänge und Talschluchten; meist in der Nähe von Bächen, unter Steinen und Laub versteckt; im Sommer meist inaktiv. **Verhalten:** Stellt sich bei Gefahr oft tot oder krümmt den Schwanz nach oben. **Kennzeichen:** Schlanker Körper mit stark hervortretenden Rippen, Oberseite mattschwarz, zwischen den Augen eine gelbliche oder rötliche brillenförmige Zeichnung; Bein- und Schwanzunterseite leuchtendrot; 4 Zehen an den Hinterbeinen (5 bei anderen Salamandern); kaum entwickelte Lungen, kommt mit Hautatmung aus. **Fortpflanzung:** Eier werden in langsam fließenden Bächen an Steine geklebt.

nachtaktiv

Alpenmolch, Bergmolch
8–12 cm

Triturus alpestris
Familie: Salamander

Verbreitung: NO-Frankreich bis W-Rußland, im Süden bis N-Italien und N-Griechenland, isoliert in NW-Spanien. **Lebensraum:** Flachland und Gebirge, im Süden ausschließlich montan; im Frühjahr und oft noch im Sommer in pflanzenlosen Teichen und Gräben; einige Balkanpopulationen bleiben zeitlebens im Wasser und tragen Kiemen; an Land nachtaktiv an feuchten Stellen, im Wasser auch tagaktiv. **Kennzeichen:** Bauch einfarbig orangerot, Flanken und Kopfseiten auf hellem Grund schwarz punktiert; Männchen im Hochzeitskleid mit schiefergrauer, oft dunkel marmorierter Oberseite und niedrigem, gebändertem Rückenkamm (Bild unten); graubraun marmoriertes Weibchen ohne Kamm (Bild oben).

Teichmolch, Streifenmolch

8–11 cm

Triturus vulgaris

Familie: Salamander

Verbreitung: Europa außer der Iberischen Halbinsel, S-Frankreich, S-Italien, N-Skandinavien. **Lebensraum:** Im Frühjahr seichte, pflanzenreiche, stehende oder langsam fließende Gewässer in Flach- und Hügelland; nach der Fortpflanzung nachtaktives Landleben. **Kennzeichen:** Oberseite gelbbraun; Kehle und Bauch orangerot mit schwarzen Tupfen; Männchen im Hochzeitskleid mit hohem, welligem, nicht unterbrochenem Kamm (Bild oben), Schwanz spitz auslaufend; Oberseite mit dunklen Tupfen. Südeuropäische Rasse mit niedrigem, geradlinigem Kamm (*T. v. meridionalis:* Bild unten), mit Fadenmolch (→ Seite 9) zu verwechseln. Weibchen ohne Kamm; Landtracht mit trockener, samtiger Haut, eidechsenähnlich.

tag- und nachtaktiv

Fadenmolch, Leistenmolch 7–9 cm

Triturus helveticus Familie: Salamander

Verbreitung: Norden der Iberischen Halbinsel, W-Europa, nördliches Mitteleuropa, Großbritannien. **Lebensraum:** Bevorzugt im Frühjahr klares, langsam fließendes Wasser, vor allem im Hügelland, ist aber auch in Gräben und Brackwassertümpeln zu finden; kehrt sehr bald zum nachtaktiven Landleben zurück. **Kennzeichen:** Gelb- bis olivbraune Oberseite, vor allem beim Männchen stark getupft; gelblicher Bauch mit wenigen schwarzen Punkten, Kehle einfarbig; Männchen im Hochzeitskleid (Bild) mit vorstehender Rückenleiste, Schwanz mit breitem Saum, am Ende abgestutzt und in einem dünnen Faden auslaufend; Weibchen ohne Rückenleiste und ohne Schwanzfaden; Landtracht mit trockener, samtiger Haut.

tag- und nachtaktiv

Kammolch Ⓢ 14–16 cm

Triturus cirstatus Familie: Salamander

Verbreitung: Europa außer der Iberischen Halbinsel, S-Frankreich, Irland und N-Skandinavien. **Lebensraum:** Im Süden bis in 2000 m Höhe, sonst Flach- und Hügelland; im Frühjahr, oft auch im Sommer in flachen, stehenden oder langsam fließenden, verkrauteten Gewässern; beim anschließenden Landaufenthalt nur nachts aktiv. **Kennzeichen:** Braun-schwarze Oberseite mit dunklen Flecken; leuchtendoranger, schwarz gefleckter Bauch; nördlich der Alpen lebende Rasse mit grobkörniger Haut und weiß punktierten Flanken; Hochzeitskleid der Männchen mit hohem, meist tief gezacktem, am Körperende unterbrochenem Kamm (Bild); Schwanz mit silbrigem Längsband; Weibchen ohne Kamm; Landtracht mit derber Haut.

Marmormolch

13–14 cm

Triturus marmoratus

Familie: Salamander

Verbreitung: Iberische Halbinsel, S- und W-Frankreich. **Lebensraum:** Bevorzugt im Flachland; Wasseraufenthalt von Frühjahr bis Sommer, manchmal sogar bis zum Herbst; anspruchslos in der Wahl des Gewässers; während des Landaufenthaltes verborgen und nachtaktiv. **Kennzeichen:** Durch seine schwarz-grün marmorierte Oberseite nicht mit anderen Molchen zu verwechseln; Unterseite grau, marmoriert; Männchen im Hochzeitskleid mit hohem, glattrandigem, schwarz gebändertem und am Körperende unterbrochenem Kamm; Schwanz mit hellem Längsstreifen; Weibchen ohne Kamm, aber mit oranger Rückenlinie (Bild); Landtracht mit derber Haut. In Frankreich Bastardbildungen mit dem Kammolch (→ S. 10).

Spanischer Rippenmolch

15–30 cm

Pleurodeles waltl

Familie: Salamander

Verbreitung: Iberische Halbinsel, außer dem Norden. **Lebensraum:** Stehende und langsam fließende Gewässer, Zisternen; bei Austrocknung der Gewässer und oft auch während der Jugendzeit an Land (unter Steinen versteckt); nachtaktiv. **Kennzeichen:** Plumper Salamander mit lehmfarbener, meist dunkel gefleckter Oberseite, rauhe Haut; an den Seiten je eine gelb bis orange gefärbte Warzenreihe (an den Warzen enden die Rippenspitzen); Bauch grau, gelb oder orange, meist dunkel gefleckt; kräftiger, seitlich abgeplatteter Schwanz; geringe geschlechtsspezifische Unterschiede: Männchen zur Paarungszeit mit Schwanzsaum und Brunstschwielen an den Vorderbeinen. **Fortpflanzung:** Legt Eier in Klumpen.

Grottenolm

20–25 cm

Proteus anguinus

Familie: Olme

Verbreitung: Ostadriatische Küste bis Montenegro. **Lebensraum:** Ausschließlich unterirdische Gewässer von Karsthöhlen, wird höchstens bei Hochwasser in oberirdische Flußteile ausgeschwemmt; lebt bei fast konstanten Wassertemperaturen zwischen 5 und 9° C; wühlt im Bodenschlamm (in der Adelsberger Grotte ausgestellt). **Kennzeichen:** Extrem langgestreckter, aalförmiger, fleischfarbener Körper mit weit auseinanderliegenden, dünnen Beinchen; zeitlebens mit lachsroten äußeren Kiemenbüscheln (Beibehaltung der Larvenmerkmale: Neotenie); Augen zu unscheinbaren Punkten verkümmert (Hell-Dunkel-Sehen). **Fortpflanzung:** Meist werden 12 bis 70 Eier gelegt, gelegentlich auch 2 fertige Junge geboren.

Knoblauchkröte Ⓢ 5–8 cm

Pelobates fuscus Familie: Krötenfrösche

Verbreitung: W-, Mittel- und O-Europa; auf der Iberischen Halbinsel *P. cultripes,* in Teilen SO-Europas *P. syriacus.* **Lebensraum:** Pflanzenarme, sandige Böden des Flachlandes, bewohnt häufig Kulturland; während der kurzen Paarungszeit im zeitigen Frühjahr auch am Wasser und tagsüber zu finden, sonst nachtaktiv. **Kennzeichen:** Krötenähnlich (kurzbeinig), aber senkrecht spaltförmige Pupillen, relativ glatthäutig und ohne Ohrdrüsen, kaum sichtbares Trommelfell; Beule am Hinterkopf; große Fersenhöcker ermöglichen schnelles Vergraben; Oberseite grau-gelb-braun marmoriert. **Stimme:** Kräftiges, kurzes, dumpfes »woog-woog-woog«. **Fortpflanzung:** Schnurförmiger Laich, große Kaulquappen (bis 17 cm lang).

Erdkröte

8–15(20 cm)

Bufo bufo

Familie: Kröten

Verbreitung: Europa, außer Irland, N-Skandinavien, Korsika, Sardinien, Kreta. **Lebensraum:** Beim Laichen in kleinen und größeren Gewässern auch tagaktiv; anschließend nachtaktives Landleben in vielen, zum Teil trockenen Lebensräumen (Wälder, Kulturland) bis in 2000 m Höhe. **Kennzeichen:** Männchen (im Bild oben) bis 8 cm, Weibchen bis 15 cm, im Süden des Verbreitungsgebietes bis 20 cm; plump, kurzbeinig, warzige Haut, große Ohrdrüsen, waagerecht spaltförmige Pupillen; Oberseite schmutziggelb bis dunkelbraun, Unterseite hellgrau mit dunklen Flecken. **Stimme:** Leises, unauffälliges »oak«. **Fortpflanzung:** Männchen in der Überzahl, Laichwanderungen; mehrere tausend Eier in langen Schnüren (Bild).

Kreuzkröte Ⓢ

7–10 cm

Bufo calamita

Familie: Kröten

Verbreitung: Iberische Halbinsel, W-, Mittel- und Teile NO-Europas. **Lebensraum:** Unterschiedlich, oft sandige Böden von der Meeresküste bis in 2000 m Höhe; tagsüber in Erdlöchern, nachts (April bis Juli) oft im Wasser; toleriert Salzwasser und Trockenheit. **Kennzeichen:** Typische Krötenmerkmale (→ Seite 15); Oberseite schmutziggrau bis -braun mit olivbraunen Flecken, fast immer mit schwefelgelbem Rückenstrich; waagerecht spaltförmige Pupillen; kurze Beine erlauben nur hundeartiges Laufen. **Stimme:** Lautes, knarrendes »ärr-ärr«, im Chor »ärrrrrr«, große innere Schallblase (Bild). **Fortpflanzung:** Laicht im Mai, schnelle (6- bis 7wöchige) Entwicklung der Kaulquappen.

Wechselkröte Ⓢ

8–10(14) cm

Bufo viridis

Familie: Kröten

Verbreitung: O-Europa, Mitteleuropa, Italien. **Lebensraum:** Trockene, oft sandige Böden des Flach- und Hügellandes, nachtaktiver Kulturfolger, toleriert Salzwasser und Trockenheit, April bis Juni auch in seichtem Wasser (hier manchmal auch tagsüber zu sehen). **Kennzeichen:** Im Süden des Verbreitungsgebietes bis 14 cm, typische Krötenmerkmale (→ Seite 15), leuchtend- bis olivgrüne, scharf begrenzte Flecken auf grauem bis weißlichem Grund, selten mit hellem Rückenstrich. Ähnlichkeit mit *Pelobates syriacus* (O- und S-Balkan; senkrecht spaltförmige Pupillen, keine Ohrdrüsen). **Stimme:** Hohes, trillerndes »ürrrrr«, große, innere Schallblase. **Fortpflanzung:** Mai, mehrere tausend Eier in Schnüren.

nachtaktiv

Geburtshelferkröte Ⓢ

4–5 cm

Alytes obstetricans

Familie: Scheibenzüngler

Verbreitung: Iberische Halbinsel, Frankreich, Schweiz und Teile Westdeutschlands; **Iberische Geburtshelferkröte** in W- und Mitteliberien. **Lebensraum:** Steiniges Gelände, Wälder und Gärten im Hügel- und Bergland; nachtaktiv, tagsüber unter Steinen oder in selbstgegrabenen Löchern. **Kennzeichen:** Graubraune Oberseite, krötenähnlich, kurzbeinig (→ Seite 15), aber senkrecht spaltförmige Pupillen und keine Ohrdrüsen; sichtbares Trommelfell. **Stimme:** Hohes, glockenähnliches »puh-puh« (1 Ruf/Sek.). **Fortpflanzung:** 2- bis 3mal im Jahr, Paarung an Land, Männchen wickelt die Eier (40 bis 60) um seine Hinterbeine (Bild) und trägt sie 3 bis 6 Wochen mit sich; schlüpfende Kaulquappen werden ins Wasser abgegeben.

Rotbauchunke ⊽ *Bombina bombina* bis 5 cm

Gelbbauchunke Ⓢ *Bombina variegata* bis 5 cm

Familie: Scheibenzüngler

Verbreitung: R (Bild oben) O-Europa, östliches Mitteleuropa; G (Bild unten) W-, Mittel- und SO-Europa, Italien. **Lebensraum:** Flache Kleingewässer, G auch Pfützen und Radfurchen; im Flachland, G auch in Hügel- und Bergland. **Kennzeichen:** Unterseite R blauschwarz, weiß gepunktet mit orangen Flecken, G grau mit gelben bis orangen Flecken; schmutzigbraune Oberseite mit abgerundeten (R) oder spitzen (G) Warzen; giftiges Hautsekret. **Stimme:** Wohlklingendes »u-u-u« (vor allem abends), R 14–40, G 60–120 Rufe/Min. **Fortpflanzung:** 2- bis 3mal im Jahr bis zu 100 Eier in Klumpen.

Gemalter Scheibenzüngler

6–7 cm

Discoglossus pictus

Familie: Scheibenzüngler

Verbreitung: Iberische Halbinsel (außer dem Nordosten), Sizilien, Malta, östliche Pyrenäen. Wird in Korsika und Sardinien durch den sehr ähnlichen **Sardischen Scheibenzüngler,** *D. sardus,* vertreten. **Lebensraum:** Flache stehende oder langsam fließende Gewässer, Sümpfe, Brackwasser. **Kennzeichen:** Leicht mit braun gefärbten Fröschen (→ Seite 22, 23) zu verwechseln, besitzt jedoch herzförmige Pupillen und ein unauffälliges Trommelfell; die braun, oliv, grau oder gelblich gefleckte Oberseite ist sehr variabel, Flecken oft hell gesäumt, Rücken manchmal mit hellem Längsstreifen. **Stimme:** Leises, zirpendes »raa-raa«. **Fortpflanzung:** 2- bis 3mal im Jahr, Laich wird in Klumpen abgesetzt.

Westlicher Schlammtaucher 4–5 cm

Pelodytes punctatus Familie: Schlammtaucher

Verbreitung: Iberische Halbinsel, Frankreich, W-Ligurien, W-Belgien. **Lebensraum:** Nur im Frühjahr in stehenden Gewässern oder in ihrer Nähe (tag- und nachtaktiv); später nachtaktives Landleben, tagsüber unter Steinen oder in selbstgegrabenen Erdlöchern; bevorzugt die Ebene. **Kennzeichen:** Zierlich, froschähnlich (→ Seite 22–26), aber mit senkrecht spaltförmigen Pupillen; schmutzighellbraune Haut mit einzelnen olivgrünen, länglichen Flecken; langbeinig, Trommelfell kaum sichtbar. **Stimme:** Während der Paarungszeit tiefes »ko-ak«, an Land leises Quietschen. **Fortpflanzung:** Februar bis Mai, manchmal auch im Sommer; dicke, kurze Laichschnüre werden um Pflanzen gewickelt.

Seefrosch Ⓢ

12–17 cm

Rana ridibunda

Familie: Frösche

Verbreitung: Iberische Halbinsel, S-Frankreich, O-Europa, Teile Mitteleuropas. **Lebensraum:** Gesellig an allen warmen Gewässern der Niederungen; sonnt sich gerne auf Uferböschungen. **Kennzeichen:** Grün, oliv oder bräunlich mit schwarzen Flecken, kein dunkler Schläfenfleck; auffälliges Trommelfell; Fersengelenk der vorgeklappten Hinterbeine reicht bis über das Auge, Fersenhöcker maximal $^2/_5$ der Länge der kleinsten Hinterzehe. **Stimme:** Vielgestaltiger Chorgesang, meist laut knarrendes, gequetschtes »krroak« oder »uerr«, Tag und Nacht zu hören; Männchen mit äußeren Schallblasen. **Nahrung:** Wirbellose Tiere, Fische, selten andere Wirbeltiere. **Fortpflanzung:** Wie Teichfrosch (→ Seite 23).

tag- und nachtaktiv

Teichfrosch

6–9 cm

Rana lessonae

Familie: Frösche

Verbreitung: W-, Mittel-, O-Europa (außer dem Süden), Italien. Im Überschneidungsgebiet Bastardbildung mit Seefrosch (→ Seite 22): **Wasserfrosch,** *R. esculenta,* bis 12 cm. **Lebensraum:** Wie Seefrosch; wo beide Arten leben, bevorzugt der Teichfrosch kleinere Gewässer. **Kennzeichen:** Dem Seefrosch sehr ähnlich, aber Oberschenkelrückseite gelb-schwarz marmoriert, Fersenhöcker erreichen ²/₃ der Länge der kleinsten Hinterzehe, Fersengelenk des vorgeklappten Hinterbeines erreicht das Auge; Wasserfrosch mit langen Beinen (wie Seefrosch) und mittelgroßen Fersenhöckern; kein Schläfenfleck. **Stimme:** Wie Seefrosch. **Fortpflanzung:** April bis Juni, Laichklumpen mit mehreren tausend Eiern.

Grasfrosch

6–10 cm

Rana temporaria

Familie: Frösche

Verbreitung: Fehlt nur in S-Europa. **Lebensraum:** Feuchte Stellen (Wälder, Wiesen) von der Ebene bis ins Hochgebirge (2500 m); während der Paarung und oft auch im Herbst sowohl an kleinsten als auch an größeren Gewässern. **Kennzeichen:** Kräftig; Oberseite gelbbraun, rot oder dunkelbraun, mehr oder minder dunkel gefleckt; dunkler Schläfenfleck; Fersengelenk des vorgeklappten Hinterbeines erreicht knapp die Schnauzenspitze; Schnauze stumpf, Fersenhöcker weich; Männchen während der Paarungszeit mit dicken Unterarmen und Brunstschwielen an den Daumen. **Stimme:** Unauffälliges Grunzen. **Fortpflanzung:** Beginnt schon während der Schneeschmelze, laicht in großen Klumpen.

tag- und nachtaktiv

Moorfrosch Ⓢ

6–8 cm

Rana arvalis

Familie: Frösche

Verbreitung: O-Europa (außer dem Süden), Teile N-Europas, nördliches Mitteleuropa. **Lebensraum:** Nasse Wiesen und Moore im Flachland. **Kennzeichen:** Oberseite gelblich bis braun mit dunklen Zeichnungen, Männchen während der Paarungszeit oft bläulich (Bild unten), schwer vom Grasfrosch (→ Seite 24) zu unterscheiden, aber spitzere Schnauze, harte Fersenhökker und oft 1 bis 3 helle, dunkel gefaßte Rückenstreifen (Bild oben); Fersengelenk des vorgeklappten Hinterbeines erreicht höchstens die Schnauzenspitze; dunkler Schläfenfleck. **Stimme:** Unauffällig bellend. **Fortpflanzung:** Laicht knapp nach der Schneeschmelze in großen Klumpen, meist in kleinen, sogar in nur zeitweilig vorhandenen Wasseransammlungen.

Springfrosch Ⓢ

5–9 cm

Rana dalmatina

Familie: Frösche

Verbreitung: Südlich des 50. Breitengrades: W-, Mittel-, O- und SO-Europa, Italien. **Lebensraum:** Lichte Laubwälder und sumpfige Wiesen des Flach- und Hügellandes; wärmeliebend, zur Laichzeit nur kurz im Wasser. **Kennzeichen:** Gelb- bis rotbraune, wenig gesprenkelte Oberseite; grazil, langbeinig, Fersengelenk des vorgeklappten Hinterbeines reicht, außer bei Jungfröschen, weit über die spitze Schnauze; dunkler Schläfenfleck. Der ähnliche **Italienische Springfrosch,** *R. latastei* (Oberitalien) hat ein kleineres, vom Auge weit abgesetztes Trommelfell und eine dunklere Kehle. **Stimme:** Unauffälliges, schnelles »quo-quo«. **Fortpflanzung:** Frühjahr, laicht in Klumpen.

Europäischer Laubfrosch Ⓢ 3,5–5 cm

Hyla arborea Familie: Laubfrösche

Verbreitung: Europa, außer Britische Inseln und dem Norden. **Lebensraum:** Büsche, Bäume und Schilf, flaches Wasser, vorwiegend nachtaktiv, tagsüber auf Blättern sonnend. **Kennzeichen** (→ auch Umschlagseite 1): Haftscheiben an Fingern und Zehen; langbeinig, glatthäutig; gras-, gelb-, olivgrüne oder braune Oberseite (Farbwechsel), schwarzer Streifen vom Auge entlang der Flanken bis zur Hüfte (bei **Mittelmeerlaubfrosch,** *H. meridionalis* – S-Iberien und S-Frankreich – nur bis hinter das Trommelfell); Männchen mit dunkler oder gelber Kehle und innerer Schallblase (Bild). **Stimme:** Lauter, metallisch dröhnender nächtlicher Chorgesang »gäck-gäck« (3- bis 6mal/Sek.). **Fortpflanzung:** April bis Mai, laicht in Klumpen.

Griechische Landschildkröte 20 cm

Testudo hermanni Familie: Landschildkröten

Verbreitung: SO-Europa, S- und W-Italien, Sizilien, Korsika, Sardinien, S-Frankreich. **Lebensraum:** Kulturland, steiniges Buschland, lichte Wälder, bewachsene Dünen; vor allem morgens und abends aktiv. **Kennzeichen:** Der gelbe, schwarz gefleckte Rückenpanzer ist stark gewölbt; im Gegensatz zur ähnlichen **Maurischen Landschildkröte,** *Testudo graeca* (SO-Europa, Sizilien, Kalabrien, S-Spanien) 2 Schwanzschilder, die Schwanzspitze endet mit dornigem Nagel. **Nahrung:** Pflanzen, pflanzliches und tierisches Aas, Kot, Schnecken, Würmer. **Fortpflanzung:** Balz- und Rivalenkämpfe durch Rammstöße und Kopfnicken; kalkschalige Eier werden in der Erde vergraben.

Breitrandschildkröte 25–30 cm

Testudo marginata Familie: Landschildkröten

Verbreitung: S-Griechenland, Sardinien. **Lebensraum:** Vor allem steiniges, bewachsenes Hügelland, aber auch Kulturland, lichte Wälder und bewachsene Dünen; vorwiegend morgens und abends aktiv. **Kennzeichen:** Länglicher, stark gewölbter, am Hinterrand wie ein Feuerwehrhelm auslaufender, gelbschwarz gefleckter Panzer, alte Individuen fast ganz schwarz (Bild); bei Jungtieren überwiegt Gelb, Hinterrand kaum verbreitert, deshalb schwer von Maurischer Landschildkröte (→ Seite 28) zu unterscheiden. **Nahrung:** Pflanzen, pflanzliches und tierisches Aas, Schnecken, Würmer, Kot. **Fortpflanzung:** Balz- und Rivalenkämpfe durch Rammstöße und Kopfnicken; kalkschalige Eier werden vergraben.

Europäische Sumpfschildkröte ▽ 20–25 cm

Emys orbicularis Familie: Sumpfschildkröten

Verbreitung: Mittelmeerländer, O-Europa; Teile W- und Mitteleuropas (hier aber größtenteils ausgerottet). **Lebensraum:** Stehende oder langsam fließende Gewässer mit reichem Pflanzenwuchs, Sümpfe, Brackwasser. **Verhalten:** Sonnt sich gerne am Ufer und taucht bei Störung sofort ins Wasser; entfernt sich nur nachts weiter vom Gewässer, überwintert meist im Bodenschlamm (Mundhöhlenatmung). **Kennzeichen:** Flacher Panzer und Zehen mit Schwimmhäuten; schwarze Oberseite mit gelben, strahlig verlaufenden Punkten und Strichen; langer Schwanz. **Nahrung:** Fische, Amphibien, Schnecken, Insekten, Krebse, Aas. **Fortpflanzung:** Eier werden an Land in feuchter Erde vergraben.

tag- und nachtaktiv

Kaspische Wasserschildkröte 20–25 cm

Mauremys caspica Familie: Sumpfschildkröten

Verbreitung: Iberische Halbinsel, südlicher Balkan. **Lebensraum:** Oft gemeinsam mit *E. orbicularis* (→ Seite 30), jedoch weniger wählerisch in bezug auf Bewuchs, Verschmutzung und Salzgehalt des Wassers. **Verhalten:** Wie *E. orbicularis,* iberische Tiere können sich weit vom Wasser entfernen. **Kennzeichen:** Zehen mit Schwimmhäuten, sehr flacher, gelb- bis olivbrauner Rückenpanzer, vor allem Jungtiere mit gelblichen bis orangen, dunkel gesäumten Schnörkeln; Hals und Beine auffällig gelb (Balkan: Bild oben) oder orange (Iberien: Bild unten) längsgestreift. **Nahrung:** Fische, Amphibien, Schnecken, Insekten, Krebse, Pflanzen, Aas. **Fortpflanzung:** Eier werden an Land in feuchter Erde vergraben.

tag- und nachtaktiv

Mauergecko

12–15 cm

Tarentola mauritanica

Familie: Geckos

Verbreitung: Italienische Küste einschließlich der Inseln, Iberische Halbinsel (außer dem Norden), mitteldalmatinische und westgriechische Küste, Kreta. **Lebensraum:** Legsteinmauern, steiniges und felsiges Gelände, Ruinen, Hauswände; vorwiegend nachts, aber auch in Morgen- und Abendsonne aktiv. **Kennzeichen:** Plumper Körper; hell- bis braungraue, beim Sonnen dunkelgraue (Bild oben) Oberseite mit vielen Warzen und Dornen; Zehen mit breiten Haftscheiben aus kleinsten Borsten, kann damit sogar an senkrechten Glaswänden klettern; wie alle Geckos große Augen mit senkrecht spaltförmigen Pupillen und verwachsenen, durchsichtigen Lidern. **Fortpflanzung:** Wie Ägäischer Nacktfinger (→ Seite 33).

Ägäischer Nacktfinger

9–10 cm

Cyrtodactylus kotschyi

Familie: Geckos

Verbreitung: Griechenland, Ägäische Inseln, Türkei, bulgarische Schwarzmeerküste, Apulien. **Lebensraum:** Steiniges und felsiges Gelände, Legsteinmauern, Ruinen, Hausmauern. **Verhalten:** Nacht- und tagaktiv, häufiger als andere Geckos beim Sonnen zu beobachten. **Kennzeichen:** Zierlicher Körper; hellgraue, beim Sonnen dunkelgraue, warzige Oberseite mit dunklen V-förmigen Zeichnungen; Zehen ohne Haftscheiben, aber charakteristisch abgewinkelt; große Augen mit senkrecht spaltförmigen Pupillen und verwachsenen, durchsichtigen Lidern. **Stimme:** Rasch aufeinanderfolgendes »tschick«. **Fortpflanzung:** Klebt wie alle Geckos 2 kalkschalige Eier in Mauerspalten oder unter Steine.

Europäischer Halbfinger
8–10 cm

Hemidactylus turcicus
Familie: Geckos

Europäischer Blattfinger
6–8 cm

Phyllodactylus europaeus
Familie: Geckos

Verbreitung: H (Bild oben) Mittelmeerküste; B (Bild unten) Korsika, Sardinien, tyrrhenische Inseln. **Lebensraum:** Legsteinmauern, Steine, Ruinen, H auch in Häusern. **Kennzeichen:** H zart; sandfarbene, rosa durchscheinende Oberseite mit braunen Flecken und Warzen; Schwanz gebändert; schmale Haftscheiben. B gelb- bis olivbraun, marmorierte, gelb gepunktete Oberseite ohne Warzen; Haftlamellen nur an den Zehenspitzen; Schwanz oft verdickt. **Stimme:** H miauend, lauter als andere Geckos. **Fortpflanzung:** Wie Nacktfinger (→ Seite 33).

Hardun 30 cm

Agama stellio Familie: Agamen

Verbreitung: Kleinasiatische Art, in Europa nur Thessaloniki, Korfu und einige Kykladeninseln. **Lebensraum:** Vor allem Legsteinmauern, Felsen und Bäume. **Verhalten:** Sehr wärmeliebend, scheu, Männchen bedrohen einander durch Aufblähen und Kopfnicken; Farbwechsel in Abhängigkeit von Temperatur und »Stimmung« der Tiere. **Kennzeichen:** Großer, breiter Kopf, gedrungener Körper mit langen Beinen und stacheliger Haut (vor allem an Kopf, Beinen und Schwanz). Nordkykladen, Korfu: gelbbrauner Körper, Kopfoberseite der Männchen zur Paarungszeit leuchtendgelb oder rot; Naxos, Paros: Körper und Kopf dunkelbraun, Männchen zur Paarungszeit mit blauen Schuppen.

Europäisches Chamäleon

25–30 cm

Chamaeleo chamaeleon

Familie: Chamäleons

Verbreitung: In Europa stark gefährdet; Küstengebiete im Süden der Iberischen Halbinsel, Sizilien, Malta, Kreta. **Lebensraum:** Sträucher, Bäume. **Verhalten:** Gut getarnt, bewegt sich nur langsam; schneller Farbwechsel (beim Sonnen dunkel, nachts hell, bei Störung schwarzgefleckt); bläht sich bei Gefahr auf. **Kennzeichen:** Seitlich abgeflachter, meist grüner, manchmal auch grauer Körper; »Greifschwanz« und »Greiffüße«; große, vorstehende Augen werden unabhängig voneinander bewegt, Lider bis auf ein kleines Sehloch verwachsen; Kopf helmartig. **Nahrung:** Insekten werden mit körperlang vorschnellender, klebriger Zunge gefangen. **Fortpflanzung:** 20 bis 50 pergamentschalige Eier werden im Herbst vergraben.

tagaktiv

'erleidechse 50–65 cm

.acerta lepida Familie: Eidechsen

'erbreitung: Iberische Halbinsel, S- und SW-Frankreich, Rhô-etal, Ligurien. **Lebensraum:** Gestrüppreiche Stellen an We-rändern, in lichten Wäldern und Kulturland, bewachsene teinhaufen und Legsteinmauern, klettert auch auf Bäumen; ehr scheu. **Kennzeichen:** Größte europäische Eidechse, kräfti-er Körper mit langem Schwanz; Oberseite grün (selten grau-raun: SO-Spanien) mit schwarzen und gelbgrünen, musterbil-enden Punkten; Seiten mit auffälligen, blauen Flecken; Kehle nd Bauch gelblich; Männchen mit mächtigem Kopf und aufge-iebenen Backen (Bild); Jungtiere gelbbraun bis grün mit ellen, schwarz umrandeten Augenflecken. **Nahrung:** Insekten, ̣eptilien.

Smaragdeidechse ⩔ 30–40 cm

Lacerta viridis Familie: Eidechsen

Verbreitung: Norden der Iberischen Halbinsel, Frankreich, Rheintal, Teile Ostdeutschlands, Südalpen, Italien, Sizilien, mittleres und südliches O-Europa. **Lebensraum:** Dichtes Gestrüpp, sonnenseitige Böschungen, Wald-, Feld- und Wegränder. **Kennzeichen:** Kräftig, aber flink, unterschiedlich gefärbt; Männchen (Bild) grün mit mehr oder weniger schwarzen, manchmal auch gelben Punkten, Kehle vor allem während der Paarungszeit blau, manchmal gelb; Weibchen einfarbig grün oder mit 2 oder 4 hellen, unregelmäßig dunkel gesäumten Längsbinden, seltener braun, Kehle gelb, selten bläulich; Jungtiere grünbraun, sonst wie Weibchen; meist 6 Bauchschildreihen und weit unter 20 Schläfenschilder.

tagaktiv

Riesen-Smaragdeidechse *Lacerta trilineata* 50 cm
Iberische Smaragdeidechse *Lacerta schreiberi*

Familie: Eidechsen 35 cm

Verbreitung: R ostadriatische Küste, S- und SO-Balkan; I Teile Portugals, NW-Spanien. **Lebensraum:** Wie Smaragdeidechse (→ Seite 38). **Kennzeichen:** R (Bild oben) hellgrüne, schwarz gepunktete Oberseite; Jungtiere und oft auch Weibchen mit 3 oder 5 hellen Längsstreifen; Kehle gelb; meist 8 Bauchschildreihen und weniger als 20 Schläfenschilder. I Männchen (Bild unten) mit grüner, Weibchen mit brauner oder grüner Oberseite, vor allem beim Weibchen deutlich ausgebildete, dunkle Fleckenreihen; Kehle meist bläulich, Bauch beim Männchen, selten beim Weibchen, schwarz gefleckt.

Zauneidechse

15–20 cm

Lacerta agilis

Familie: Eidechsen

Verbreitung: Frankreich, Mitteleuropa, S-Schweden, S-England, O-Europa (südlich bis Bulgarien). **Lebensraum:** Trockene, locker bewachsene Böschungen, Feld- und Waldränder, Grasland in Flach- und Hügelland, im Süden bis in 2000 m Höhe. **Kennzeichen:** Kurzbeinige, plumpe, langsame Bodeneidechse mit stumpfem, dickem Kopf; unterschiedlich gefärbt: Weibchen hellbraune Oberseite mit dunkel gezeichnetem Mittelstreifen und in Längsreihen angeordnetem dunkelbraun-weißem Fleckenmuster oder hellen, dunkel umrandeten Augenflecken; Männchen mit fahlgrünen, zur Paarungszeit leuchtendgrünen Seiten (Bild), in SO-Europa oft ganz grün; selten mit einfarbig rostrotem Rücken.

tagaktiv

Bergeidechse 12–16 cm

Lacerta vivipara Familie: Eidechsen

Verbreitung: Britische Inseln, Skandinavien, Pyrenäen, W-, Mittel-, O- und nördliches SO-Europa. **Lebensraum:** Waldgrenze und Zwergstrauchheide der Gebirge bis über 2500 m Höhe, feuchte Waldränder; im Norden: lichte Wälder, Heiden, Böschungen, Meeresküste. **Kennzeichen:** Kopf kleiner, Rumpf länger, Schwanz dicker und Beine kürzer als bei anderen Eidechsen (→ Seite 40, 42); hell- bis dunkelbrauner Rücken, Seiten meist dunkler; sehr unterschiedlich gezeichnet, oft mit dunklen und hellen Fleckenstreifen; Junge schwarzbraun; Weibchen meist mit weißem, Männchen mit gelbem bis orangem, schwarz gepunktetem Bauch. **Fortpflanzung:** Lebendgebärend, pyrenäische Tiere legen manchmal Eier.

Mauereidechse Ⓢ

16–24 cm

Podarcis muralis

Familie: Eidechsen

Verbreitung: Zentralspanien, Norden der Iberischen Halbinsel, Rheintal, Alpen, Italien und mittleres sowie südliches O-Europa. Auf der Iberischen Halbinsel auch durch *P. hispanica,* in Korsika und Sardinien durch *P. tiliguerta* vertreten. **Lebensraum:** Felsen, Mauern, Wegränder, steiniges Gelände; im Norden in Wärmeinseln, im Süden im Gebirge bis in 2000 m Höhe. **Kennzeichen:** Schlanke Klettereidechse; glatte Schuppen; Oberseite meist braun mit dunklen, oft hell gesäumten Längs- oder Fleckenstreifen oder Netzmuster (vor allem Männchen: Bild oben), manchmal fast einfarbig, grünlich oder schwarzgrün gefleckt (Mittelitalien); Unterseite weiß, orange oder ziegelrot, meist mehr oder weniger schwarz gefleckt.

Balearen-Eidechse *Podarcis lilfordi* 16–22 cm
Pityusen-Eidechse *Podarcis pityusensis* 16–22 cm
Familie: Eidechsen

Verbreitung: B (Bild oben) kleine Inseln um Mallorca und Menorca, selten auf den großen Inseln; P (Bild unten) Ibiza, Formentera und benachbarte Inseln, auf Mallorca eingeschleppt. **Lebensraum:** Anspruchslos und anpassungsfähig, sogar auf kargen Felseninseln. **Kennzeichen:** Gedrungener Körper mit dickem Schwanz und hohem, zugespitztem Kopf; äußerst variabel: Oberseite grün, braun, dunkelblau oder schwarz, dunkle Fleckenstreifen bei P deutlicher, netzartiger gestaltet und Rückenschuppen größer als bei B; Unterseite weiß, gelb, orange oder blau. **Nahrung:** Insekten, Pflanzen.

Ruineneidechse

18–25 cm

Podarcis sicula

Familie: Eidechsen

Verbreitung: Italien, Korsika, Sardinien, ostadriatische Küste bis Dubrovnik, Menorca, Türkei, viele kleine tyrrhenische und adriatische Inseln. **Lebensraum:** Gras- und Brachland, Weg- und Feldränder, steiniges, bewachsenes Gelände, Mauern, bewachsene Dünen. **Kennzeichen:** Sehr variable, robuste, aber flinke Bodeneidechse; Oberseite grün, oliv oder braun mit dunklen, zum Teil auch hellen Fleckenstreifen, im Süden mit netzartigem Muster (vor allem Männchen) oder fast zeichnungslos; auf kleinen Inseln Tendenz zur Verdunkelung (blau bis schwarz); Unterseite einfarbig weiß; schwer von der **Sizilianischen Mauereidechse,** *P. wagleriana,* zu unterscheiden; kräftiger als Adriatische Mauereidechse (→ Seite 45).

tagaktiv

Adriatische Mauereidechse (Karstläufer)

16–18 cm

Podarcis melisellensis

Familie: Eidechsen

Verbreitung: Jugoslawische Küste und Inseln, N-Albanien. **Lebensraum:** Bewachsenes, karstiges Gelände, steiniges Brachland, Steinhaufen, Wegränder; Bodeneidechse, an Felsen und Mauern von anderen Arten abgelöst (→ Seite 42, 50 und **Dalmatinische Spitzkopfeidechse,** *Lacerta oxycephala:* Oberseite hell- bis dunkelbraun, Unterseite blau, glatte Schuppen). **Kennzeichen:** Sehr variabel: Oberseite bräunlich oder mit grünem Rücken, helle Längsstreifen (Weibchen: Bild unten), zusätzlich dunkle Fleckenstreifen (Männchen: Bild oben) oder zeichnungslos; Unterseite einfarbig weiß, gelb oder orange; kleinerer Kopf, zierlicher als Ruineneidechse (→ Seite 43).

tagaktiv

Peloponnes-Eidechse

18–25 cm

Podarcis peloponnesiaca

Familie: Eidechsen

Verbreitung: Peloponnes. **Lebensraum:** Felsen, Mauern, steiniges Gelände von 0 bis 1400 m Höhe; besonders wärmeliebend, wird an feuchteren, kühleren Stellen der Gebirge von der Mauereidechse (→ Seite 42) und der **Griechischen Spitzkopfeidechse,** *Lacerta graeca* (braun mit dunklen und hellen Tupfen) vertreten. **Kennzeichen:** Kräftige, sehr gewandte Klettereidechse; braune Oberseite, Weibchen (Bild oben) und vor allem Junge mit ausgeprägter gelblicher und dunkelbrauner Längsstreifung; Männchen (Bild unten) manchmal mit grünlichem Rücken, Längsstreifung in dunkle Fleckenreihen aufgelöst, mehrere blaue Flecken hinter den Vorderbeinen; Bauch weißlich (Weibchen) oder orange (Männchen).

tagaktiv

Taurische Mauereidechse 16–18 cm

Podarcis taurica Familie: Eidechsen

Verbreitung: Südlicher Balkan, Rumänien, Bulgarien, Krim, Ungarn. **Lebensraum:** Trockenes Grasland, Feld- und Wegränder, Böschungen; im Flachland. **Kennzeichen:** Bodeneidechse; Rücken im Frühjahr leuchtendgrün, im Sommer oliv, Seiten und hinteres Rückendrittel bräunlich; meist mit hellen Längsstreifen, Männchen (Bild) zusätzlich mit dunklen, seitlichen Fleckenreihen, südliche Populationen mit helleren oder sogar ohne Zeichnungen; Unterseite weiß, bei Männchen zur Paarungszeit gelb oder orange; gezähntes Halsband (im Gegensatz zur ähnlichen, aber meist braun gefärbten **Ägäischen Mauereidechse,** *P. erhardii:* S-Balkan, steiniges Gelände mit Gestrüpp; Albanien, Makedonien, Griechenland).

tagaktiv

Europäischer Fransenfinger 18–20 cm

Acanthodactylus erythrurus Familie: Eidechsen

Verbreitung: Iberische Halbinsel (außer dem Norden). **Lebensraum:** Offenes, wenig bewachsenes, vor allem sandiges (Küstendünen), aber auch steiniges Gelände. **Verhalten:** Typische Körperhaltung mit hochgestemmtem Vorderkörper. **Kennzeichen:** Robuste Eidechse; Oberseite bräunlich mit mehreren hellen Längsstreifen und zahlreichen schwarzen, an den Seiten auch gelben Flecken, selten fast zeichnungslos; Halsband vorhanden, Schuppen nur an Schwanz- und Beckenoberseite gekielt; Junge schwarz-weiß gestreift, Schwanzunterseite leuchtendrot (auch bei Weibchen erhalten); fransenartige Zehenschuppen zur besseren Fortbewegung im Sand nur schwach entwickelt.

Algerischer Sandläufer *Psammodromus algirus*
Familie: Eidechsen 20–27 cm

Spanischer Sandläufer *Psammodromus hispanicus*
Familie: Eidechsen 10–12 cm

Verbreitung: Iberische Halbinsel, S-Frankreich. **Lebensraum:** Sandiger Boden mit niedrigem Buschwerk (Dünen), A häufig auch auf hartem Boden. **Kennzeichen:** A (Bild oben) braune Oberseite mit meist 4 hellen Längsstreifen; blaue Achselflekken, Männchen zur Paarungszeit an Kehle und Kopfseiten orange. S (Bild unten) braune Oberseite mit schwarz-weißen Fleckenstreifen; beide Arten: Oberseite mit gekielten Schuppen; kein oder nur undeutliches Halsband. **Stimme:** Langgezogenes Quietschen.

Prachtkieleidechse

14–16 cm

Algyroides nigropunctatus

Familie: Eidechsen

Verbreitung: Ostadriatische Küste von Görz bis zu den Ionischen Inseln. Ähnliche, aber kleinere und unscheinbarere Kieleidechsenarten leben am Peloponnes **(Peloponnesische K.),** in SO-spanischen Gebirgen **(Spanische K.)** und in Korsika, Sardinien **(Zwergkieleidechse). Lebensraum:** Mit Büschen bewachsene Gemäuer, felsiges oder steiniges Gelände, Ölbäume. **Kennzeichen:** Klettereidechse; schokoladenbraune, schwarz gepunktete Oberseite mit auffallend gekielten Schuppen; Männchen vor allem zur Paarungszeit mit leuchtenddunkelblauer Kehle und ziegelrotem Bauch (Männchen anderer Kieleidechsenarten ohne diese Färbungen); Weibchen mit gelblicher Unterseite.

tagaktiv

Gefleckter Walzenskink
20–30 cm

Chalcides ocellatus
Familie: Skinke

Verbreitung: Sardinien, Sizilien, S-Griechenland. **Lebensraum:** Bewachsene Dünen, Macchie, lichte Wälder, Olivenhaine. **Verhalten:** Meist morgens und abends, selten auch nachts aktiv; scheu. **Kennzeichen:** Walzenförmiger, glattschuppiger Körper mit kurzem, dickem Schwanz; die kurzen Beine werden nur zum langsamen Kriechen benutzt, sonst schlängelnde Fortbewegung; gelbbraune Oberseite mit schwarz-weißen Flecken (Bild); italienische Rasse mit dunklem, seitlichem Fleckenband, nach oben von hellem Längsstreifen begrenzt. Die Iberische Halbinsel wird vom ähnlichen, aber kleineren und schlankeren **Iberischen Walzenskink,** *Ch. bedriagai,* bewohnt. **Fortpflanzung:** Lebendgebärend.

Johannisechse

10–12 cm

Ablepharus kitaibelii

Familie: Skinke

Verbreitung: S-Tschechoslowakei, Ungarn, Rumänien, Bulgarien, Türkei, SW-Jugoslawien, Albanien, Griechenland. **Lebensraum:** Lichte Wälder, Grasland mit Büschen oder Steinen; Flach- und Hügelland. **Verhalten:** Morgens und abends aktiv, sonst häufig unter Steinen zu finden. **Kennzeichen:** Zarter, langschwänziger Skink mit kleinem Kopf und kurzen Beinen, die – außer bei Jungtieren – nur zum langsamen Kriechen verwendet werden, sonst schlängelnde Fortbewegung; glattschuppige, braune Oberseite mit feinen, dunklen Strichen; dunkelbraunes, seitliches Längsband reicht bis zum Nasenloch; Augenlider zu durchsichtigen Brillen verwachsen. Mehrere Rassen. **Fortpflanzung:** Legt Eier.

Erzschleiche
26–40 cm

Chalcides chalcides
Familie: Skinke

Verbreitung: Iberische Halbinsel, S-Frankreich, Italien, Sardinien, Sizilien. **Lebensraum:** Dicht bewachsene, mäßig feuchte Wiesen des Flachlandes; kälteempfindlich. **Kennzeichen:** Westliche Tiere kleiner als italienische; blindschleichenähnlich (→ Seite 54), aber schlanker und mit winzigen, 3zehigen Beinchen, die ohne praktische Bedeutung sind; glattschuppige, sand- bis bronzefarbene Oberseite mit 9 bis 11 (westliche Rasse), 4 bis 6 dunklen Längsstreifen oder ohne Zeichnung (italienische Rasse: Bild); schlängelnde Fortbewegung. **Fortpflanzung:** Lebendgebärend mit besonders gut entwickelter Plazenta, über die die Embryonen (3 bis 13) ernährt werden.

Blindschleiche

35–50 cm

Anguis fragilis

Familie: Schleichen

Verbreitung: Europa, außer N-Skandinavien, Irland und Teilen der Iberischen Halbinsel. **Lebensraum:** Viele, mäßig feuchte, bewachsene Biotope bis in 2000 m Höhe. **Verhalten:** Morgens, abends oder nach warmem Regen aktiv, oft unter Steinen. **Kennzeichen:** Glattschuppig, beinlos (→ Umschlagseite 3); hell- bis kupferbraune oder bleigraue Oberseite; Seiten der Weibchen (Bild unten) mit mehreren schmalen, dunklen Längsstreifen; Männchen (Bild oben) heller, wenig auffallende Zeichnung, in Mittel- und O-Europa mit einzelnen blauen Schuppen; Junge mit schwarzen Längsstreifen auf silbrigem Grund. **Nahrung:** Schnecken, Würmer, Asseln, Spinnen, Insekten. **Fortpflanzung:** Lebendgebärend, 5 bis 26 Junge.

Scheltopusik

100–120 cm

Ophisaurus apodus

Familie: Schleichen

Verbreitung: Ostadriatische Küste, Griechenland, Türkei, Bulgarien. **Lebensraum:** Steinige, locker bewachsene Hänge, Feldränder mit Legsteinmauern, Böschungen, Steinhaufen. **Verhalten:** Tag- und dämmerungsaktiv; im Sommer selten zu sehen. **Kennzeichen:** Schlangenähnliche Gestalt (→ Umschlagseite 3), beinlos, von den Hinterbeinen sind nur noch winzige Stummel erhalten; Jungtiere mit braunen Querbinden auf hellgrauem Grund, später braune, zeichnungslose Oberseite; die unter der Haut liegenden Knochenplatten beeinträchtigen die Beweglichkeit und lassen nur eine Seitenfalte frei. **Nahrung:** Schalenschnecken, Insekten, nur gelegentlich Wirbeltiere. **Fortpflanzung:** Legt pergamentschalige Eier.

Ringelnatter

100–200 cm

Natrix natrix

Familie: Nattern

Verbreitung: Europa, außer dem Norden Skandinaviens und den Britischen Inseln. **Lebensraum:** Meist in oder in der Nähe von Gewässern oder sumpfigen Stellen, manchmal aber auch weit entfernt vom Wasser. **Verhalten:** Entleert, wenn sie ergriffen wird, die Analdrüse oder stellt sich manchmal tot, beißt nicht. **Kennzeichen:** Gekielte Rückenschuppen, Oberseite grau mit kleinen (N- und Mitteleuropa: Bild) oder großen schwarzen Flecken (**Barrenringelnatter:** W-Europa) oder mit 2 hellen Längsstreifen (**Streifenringelnatter:** SO-Europa, N-Italien); weißer, gelber oder oranger und schwarzer Halsfleck (fehlt bei iberischen Ringelnattern). **Nahrung:** Vor allem Frösche und Kröten, seltener Fische.

tagaktiv

Vipernatter *Natrix maura* 70–100 cm

Würfelnatter ▽ *Natrix tesselata* 70–100 cm

Familie: Nattern

Verbreitung: V Iberische Halbinsel, Frankreich, Westalpen, Sardinien, Balearen; W Südalpen, Italien, mittleres und südliches O-Europa, isolierte Vorkommen in Mitteleuropa. **Lebensraum:** Seen, Teiche, Flüsse. **Verhalten:** Kriechen am Gewässergrund, sonnen am Ufer; Zischen und Zustoßen (ohne zu beißen), wenn sie ergriffen werden. **Kennzeichen:** Gekielte Rükkenschuppen; V (Bild oben) gelb- bis rotbraune Oberseite mit dunklen Flecken, an den Seiten oft mit hellem Zentrum, manchmal vipernähnliche Zeichnung (→ Seite 69); W (Bild unten) graue oder bräunliche Oberseite mit dunklem Barrenmuster, eckiger Kopf. **Nahrung:** Fische, V auch Amphibien.

Leopardennatter *Elaphe situla* 80–100 cm

Treppennatter *Elaphe scalaris* 120–160 cm

Familie: Nattern

Verbreitung: L ostadriatische Küste, S-Balkan, S-Italien, O-Sizilien; T Iberische Halbinsel, französische Mittelmeerküste, Menorca. **Lebensraum:** Trockenes, steiniges, mit Büschen bewachsenes Gelände, bewachsene Feldränder und Mauern. **Verhalten:** T besonders wärmeliebend und scheu. **Kennzeichen:** L rotbraune bis rote, schwarz gerandete Flecken (selten 2 rote Längsstreifen) auf sandfarbenem Grund (Bild oben: bei der Häutung). T Junge mit dunkler, leiterartiger Rückenzeichnung, die sich bei erwachsenen Tieren auf 2 dunkle Längsstreifen reduziert (Bild unten). **Nahrung:** Kleinsäuger.

tagaktiv

Vierstreifennatter 150–250 cm

Elaphe quatuorlineata Familie: Nattern

Verbreitung: Mittel- und S-Italien, Sizilien, ostadriatische Küste, S-Balkan, westliches Schwarzmeergebiet. **Lebensraum:** Lichte Wälder, Hecken, steiniges, dicht bewachsenes Gelände. **Verhalten:** Träge, vor allem an warmen, bewölkten Tagen und in der Abenddämmerung aktiv. **Kennzeichen:** Kräftig gebaut; braune Oberseite mit 4 dunklen Längsstreifen (Bild oben), schwach gekielte Schuppen ohne weiße Striche an den Rändern; Junge mit dunklen Flecken auf hellem Grund (Bild unten); bei bulgarischen und rumänischen Tieren bleibt die Jugendfärbung auch im Alter erhalten. **Nahrung:** Kleinsäuger, nestjunge Vögel.

Äskulapnatter ▽ 130–200 cm

Elaphe longissima Familie: Nattern

Verbreitung: W-Europa, einige isolierte Vorkommen in Deutschland, österreichischer Donauraum, Südalpen, Italien, mittleres und südliches O-Europa. **Lebensraum:** Bewachsene Mauern und Ruinen, sonnige Wälder und Gestrüpp. **Kennzeichen:** Kletterschlange; Bauchschilder seitlich leicht geknickt, charakteristisch geformter, länglicher Kopf; Oberseite braun, Vorderkörper meist heller, glatte Schuppen teilweise von weißen Strichen begrenzt, selten längsgestreift; Junge mit leuchtendgelbem Nackenfleck – wird oft mit jungen Ringelnattern verwechselt (→ Seite 56), Oberseite dunkel gefleckt. **Nahrung:** Kleinsäuger, nestjunge Vögel.

Glattnatter, Schlingnatter Ⓢ

60–80 cm

Coronella austriaca

Familie: Nattern

Verbreitung: Norden der Iberischen Halbinsel, W-, Mittel- und O-Europa, Italien, Sizilien, S-Skandinavien. **Lebensraum:** Lichte Wälder, Hecken, Böschungen, steiniges, bewachsenes Gelände, vor allem in mittleren Höhenlagen; verborgene Lebensweise. **Kennzeichen:** Glatte Schuppen, runde Pupillen; graubraune (Weibchen) oder rotbraune (Männchen: Bild) Oberseite mit dunkelbraunen Fleckenreihen; Unterseite rötlich, nicht oder wenig gefleckt. Auf der Iberischen Halbinsel, in S-Frankreich und Italien lebt die ähnliche **Girondische Glattnatter,** *Coronella girondica:* 8 statt 7 Oberlippenschilder, Unterseite schwarz gefleckt. **Nahrung:** Reptilien, seltener Kleinsäuger. **Fortpflanzung:** Lebendgebärend (2 bis 15 Junge).

Gelbgrüne Zornnatter

130–180 cm

Coluber viridiflavus

Familie: Nattern

Verbreitung: Pyrenäen, S- und Mittelfrankreich, Italien, Korsika, Sardinien, Sizilien, nordostadriatische Küste. **Lebensraum:** Trockenes, felsiges oder steiniges Gelände mit Gestrüpp. **Verhalten:** Sehr schnell, aggressiv, wenn sie ergriffen wird. **Kennzeichen:** Bodenschlange; Vorderkörper mit braunen Flecken auf gelblichem Grund, hintere Körperhälfte braun, gelbe Grundfarbe auf schmale Längsstreifen reduziert (Bild unten); Schuppenränder ohne weiße Striche; in N- und S-Italien, Sizilien und nordostadriatische Küste vom dritten Lebensjahr an meist schwarz (**Karbonarschlange:** Bild oben); Junge hellbraun mit dunklen Flecken am Vorderkörper. **Nahrung:** Reptilien, Kleinsäuger.

tagaktiv

Balkan-Zornnatter *Coluber gemonensis* 100 cm

Hufeisennatter *Coluber hippocrepis* 90–120 cm

Familie: Nattern

Verbreitung: Z (Bild oben) ostadriatische Küste, W-Griechenland; H (Bild unten) Iberische Halbinsel (außer dem Norden) und S-Sardinien. **Lebensraum:** Trockenes, steiniges Gelände mit Gestrüpp, Mauern, Wegränder. **Kennzeichen:** Z grau- bis gelbbraune Oberseite, Vorderkörper dunkel gefleckt, Schuppenränder mit weißen Strichen, hintere Körperhälfte unauffällig längsgestreift. H einzige europäische Natter mit Schuppen zwischen Auge und Lippenschildern (Vipernkennzeichen), aber runden Pupillen; Oberseite beige mit großen, braunen Flecken. **Nahrung:** Kleinsäuger, Z auch Reptilien.

Pfeilnatter

200–250 cm

Coluber jagularis caspius

Familie: Nattern

Verbreitung: Albanien, O-Jugoslawien, S-Ungarn, N-Griechenland, Schwarzmeerküste. **Lebensraum:** Trockenes offenes Gelände mit Steinen und lockerem Bewuchs. **Verhalten:** Reagiert, in die Enge getrieben, sehr aggressiv. **Kennzeichen:** Kräftig gebaute Natter mit gelb- bis rötlichbrauner Oberseite und unauffälligen hellen Längsstreifen; charakteristischer Kopf; Unterseite gelblich oder orange; wird oft mit Balkan-Zornnatter (→ Seite 63) oder Eidechsennatter (→ Seite 66) verwechselt; Junge mit dunklen Rückenflecken, schwer von anderen Jungschlangen zu unterscheiden (→ Seite 59, 62, 63, 66). **Nahrung:** Säuger, in der Jugend Reptilien.

Schlanknatter
100–130 cm

Coluber najadum
Familie: Nattern

Verbreitung: Ostadriatische Küste, Griechenland, S-Jugoslawien, S-Bulgarien, Türkei. **Lebensraum:** Trockenes, steiniges Gelände mit Gestrüpp, bewachsene Mauern und Wegränder. **Verhalten:** Am Boden und im Gebüsch kletternd; hält oft mit hoch erhobenem Vorderkörper Ausschau. **Kennzeichen:** Sehr schlanker Körper mit schmalem, aber deutlich abgesetztem Kopf und großen Augen; Oberseite am Vorderkörper olivgrau, nach hinten in braun übergehend; Halsseiten mit großen, dunklen, schwarz und weiß gerandeten Augenflecken; vorderes Fleckenpaar im Osten des Verbreitungsgebietes manchmal miteinander verschmolzen. **Nahrung:** Eidechsen, manchmal große Heuschrecken, selten Kleinsäuger.

tagaktiv

Europäische Eidechsennatter

150–200 cm

Malpolon monspessulanus

Familie: Nattern

Verbreitung: Iberische Halbinsel, französische und ligurische Mittelmeerküste, ostadriatische Küste, S-Balkan. **Lebensraum:** Trockenes, steiniges, mit Büschen bewachsenes Gelände. **Verhalten:** Aggressiv, hält mit erhobenem Vorderkörper Ausschau; wärmeliebend. **Kennzeichen:** Unverkennbar durch große Augen, weit vorstehende Oberaugenschilder und vertiefte Stirn zwischen den Augen; Oberseite grau bis braun, einfarbig oder mit kleinen, hellen oder dunklen Sprenkeln; Junge mit dunklen Flecken am Vorderkörper. **Gift:** Kurze, gefurchte Giftzähne im hinteren Oberkiefer; Biß verursacht beim Menschen meist nur geringe Vergiftungserscheinungen. **Nahrung:** Reptilien, Kleinsäuger.

tagaktiv

Europäische Katzennatter

70–85 cm

Telescopus fallax

Familie: Nattern

Verbreitung: Ostadriatische Küste und S-Balkan, einschließlich der Inseln. **Lebensraum:** Trockenes, steiniges Gelände, lichte Wälder, Steinhaufen, Geröllhalden, Mauern. **Verhalten:** Vorwiegend dämmerungs-, im Sommer auch nachtaktiv, zur kalten Jahreszeit tagaktiv. **Kennzeichen:** Schlanke Natter mit deutlich abgesetztem Kopf, Augen mit senkrecht spaltförmigen oder ovalen Pupillen; graue oder hellbraune Oberseite mit dunklem Nackenband und barrenförmigen Flecken. Im Süden der Iberischen Halbinsel durch die **Kapuzennatter,** *Macroprotodon cucullatus,* vertreten (Rücken mit kleinen, statt großen Flecken). **Gift:** Kleine, gefurchte Giftzähne im Oberkiefer; für Menschen ungefährlich. **Nahrung:** Eidechsen.

Kreuzotter Ⓢ 65–90 cm

Vipera berus Familie: Vipern

Verbreitung: Mittel-, O- und N-Europa, England; im Süden nur NW-Spanien, N-Italien, nördlicher und mittlerer Balkan. **Lebensraum:** Moore, Heiden, Dünen, Wald- und Feldränder, gegen Süden zunehmend Gebirgstier (Zwergstrauchheide, bewachsene Geröllhalden) bis in 2600 m Höhe. **Kennzeichen** (→ Umschlagseite 3): 1 Schuppenreihe zwischen Auge und Lippenschildern; Oberseite meist grau (Männchen) oder braun (Weibchen) mit dunklem Zickzackband, seltener einfarbig rotbraun **(Kupferotter)** oder schwarz (**Höllenotter,** Bild oben); in Spanien und auf dem Balkan sehr abweichend gezeichnet. **Gift:** Unbehandelte Bisse können tödlich sein. **Nahrung:** Kleinsäuger, Eidechsen. **Fortpflanzung:** Lebendgebärend.

tagaktiv

Aspisviper ⚠

60–75 cm

Vipera aspis

Familie: Vipern

Verbreitung: Pyrenäen, Frankreich, SW-Deutschland, Schweiz, Italien, Sizilien. **Lebensraum:** Trockenes, steiniges Gelände von 0 bis 2600 m Höhe. **Verhalten:** Tagaktiv, nur bei Wärme auch nachtaktiv. **Kennzeichen** (→ Umschlagseite 3): Kopf mit leicht nach oben gebogener Schnauze, fast immer 2 Schuppenreihen zwischen Auge und Lippenschildern, zahlreiche Kopfschuppen, graue bis braune Oberseite mit dunklem, an einem Mittelstrich gegeneinander versetztem Barrenmuster; manchmal schwarz (Hochgebirge) oder Rückenmuster zu Zickzackband verschmolzen (S-Italien, Sizilien). **Gift:** Unbehandelte Bisse können tödlich sein. **Nahrung:** Kleinsäuger. **Fortpflanzung:** Lebendgebärend.

Hornotter (Sandotter) Ⓢ

65–90 cm

Vipera ammodytes

Familie: Vipern

Verbreitung: SO-Alpen, SO-Europa; auf der Iberischen Halbinsel lebt die zum Verwechseln ähnliche, aber weit weniger giftige **Stülpnasenotter,** *Vipera latasti.* **Lebensraum:** Trockenes, steiniges oder felsiges Gelände, Geröllhalden, Steinhaufen, am Rande von Gestrüpp. **Verhalten:** Tagaktiv, nur bei hohen Sommertemperaturen auch nachtaktiv. **Kennzeichen** (→ Umschlagseite 3): 2 Schuppenreihen zwischen Auge und Lippenschildern, langes, charakteristisches Nasenhorn; graue (Männchen: Bild) oder bräunliche (Weibchen) Oberseite mit dunklem, schwarz gesäumtem Rautenband. **Gift:** Sehr giftig, unbehandelte Bisse können tödlich sein. **Nahrung:** Kleinsäuger, Eidechsen. **Fortpflanzung:** Lebendgebärend.

Westliche Sandboa

60–80 cm

Eryx jaculus

Familie: Riesenschlangen

Verbreitung: S-Balkan. **Lebensraum:** Trockenes Gelände mit lockerem Boden (Erde oder Sand); lebt vorwiegend in Gängen von Kleinsäugern, kann aber auch selbst graben; am ehesten unter Steinen anzutreffen; nur nachts manchmal an der Oberfläche. **Kennzeichen:** Plumper Körper mit kurzem Schwanz; kleine Augen mit schlitzförmigen Pupillen, gelbbraune Oberseite mit dunkelbraunem Netzmuster; Unterseite im Gegensatz zu Nattern und Vipern (→ Umschlagseite 3) mit mehreren Bauchschildreihen. **Nahrung:** Vorwiegend Kleinsäuger, die in ihren Gängen gejagt werden. **Fortpflanzung:** Lebendgebärend (16 bis 18 fertig entwickelte Junge).

Wurmschlange

20–30 cm

Typhlops vermicularis

Familie: Blindschlangen

Verbreitung: Südlicher Balkan. **Lebensraum:** Unterirdisch in trockenem Grasland, ist im Frühjahr unter Steinen zu finden. **Verhalten:** Zieht sich bei Trockenheit tief in den Boden zurück; kommt nur selten an die Oberfläche (nachts oder bei feuchtem Wetter). **Kennzeichen:** In Gestalt und Farbe mit einem Regenwurm zu verwechseln; undeutlich ausgeprägter Kopf mit schwarzen, punktförmigen, kaum sichtbaren Augen; der kurze, kegelförmige Schwanz endet mit einem Dorn. Im Gegensatz zu Nattern und Vipern (→ Umschlagseite 3) mit mehreren Bauchschildreihen. **Nahrung:** Wirbellose Tiere, vor allem Ameisen. **Fortpflanzung:** Legt 4 bis 8 Eier.

Was die farbigen Kennstreifen anzeigen

Der Text in den Kennstreifen gibt die Tageszeit an, in der die Tiere vorwiegend aktiv sind, während die Farbe den bevorzugten Lebensraum kennzeichnet:

- roter Streifen: landlebende Art.
- grüner Streifen: sowohl an Land als auch im (am) Wasser lebende Art. Oft wird das Wasser nur zur Fortpflanzung aufgesucht.
- blauer Streifen: im Wasser oder im Uferbereich von Gewässern lebende Art.
- brauner Streifen: unterirdisch lebende Art (in diesem Fall ohne Angabe der Aktivitätszeit).

Stichworterläuterungen

Wenn zwei Arten pro Seite vorgestellt werden, sind ihre Namen im Text jeweils mit dem Anfangsbuchstaben abgekürzt.

Verbreitung: Obwohl viele der besprochenen Arten auch in Westasien und Nordafrika beheimatet sind, wird nur der europäische Raum berücksichtigt; so ist mit »Türkei« nur der europäische Teil gemeint. Aufgrund der vielen ähnlichen, aber nur lokal auftretenden Arten kann dieser Abschnitt zur wichtigsten Bestimmungshilfe werden.

Lebensraum: Die Beschreibung ihrer typischen Lebensräume erleichtert das Auffinden der Arten.

Verhalten: Reptilien sind sehr wärmebedürftig, die meisten von ihnen sind nur bei starkem Sonnenschein aktiv. Dennoch fällt die Hauptaktivitätsperiode der Amphibien und Reptilien in das Frühjahr. In den trockenen, heißen Sommern des Mittelmeerraumes lassen sich viele dieser Tiere oft nur morgens und abends blicken – oder tagsüber gar nicht. Die kalte Jahreszeit wird an frostgeschützten Stellen, meist unter der Erde, in tiefen Felsspalten, seltener unter Wasser (Frösche, Sumpfschildkröten) überdauert (Winterstarre).

Kennzeichen: Die Längenangaben beziehen sich auf die Gesamtlänge; bei Eidechsen entfällt meist $^2/_3$ der Länge auf den Schwanz. Der Verweis auf ähnliche Arten ist eine zusätzliche wichtige Bestimmungshilfe. Der außerordentlich großen Variabilität mancher Arten konnte nur teilweise entsprochen werden.

Stimme: Der Paarungsruf vieler männlicher Froschlurche ist so charakteristisch, daß er zur Bestimmung herangezogen werden kann. Er ertönt vor allem während der Fortpflanzungszeit (Frühjahr oder

Sommer), ist bei einigen Arten aber auch später noch zu hören (See-, Teich-, Laubfrosch). Als Resonanzkörper dienen oft groß aufblasbare äußere (→ Seite 23) oder innere (→ Seite 16, 19, 27) Schallblasen. Außerdem sind Amphibien auch zu anderen, weit weniger auffallenden Lautäußerungen (Abwehrruf, Angstschrei) fähig.

Gift: Alle Amphibien, vor allem Salamander, Kröten und Unken, besitzen ein starkes Hautgift, das vorzugsweise in den vielen Hautwarzen und der Ohrdrüse gebildet wird. Es wirkt ätzend auf Schleimhäute und schützt daher diese Tiere vor vielen Angreifern. Injiziert führen diese Gifte unter anderem zu Herz- und Atemstillstand. Schlangengift → Seite 78. Einige Amphibien wie Feuersalamander und Unken signalisieren anderen Tierarten ihre Ungenießbarkeit durch grelle Warnfarben.

Nahrung: Viele Amphibien und Echsen ernähren sich sehr ähnlich, ihre Nahrung besteht im wesentlichen aus allerlei Insekten, Spinnen und Asseln, bei Amphibien kommen entsprechend ihrem feuchten Lebensraum noch Würmer und Schnecken hinzu. Vor allem Eidechsen neigen zu Kannibalismus und fressen gelegentlich ihre Brut oder kleine Individuen anderer Arten. In den Steckbriefen der Amphibien (Seite 4–27) und Echsen (Seite 32–55) wird deshalb die spezifische Nahrung nur bei Abweichung von der Norm genannt. Die bei Schlangen erwähnte Nahrung gilt meist nur für erwachsene Exemplare, während sich die Jungen häufig von kleinen Reptilien oder Insekten ernähren.

Fortpflanzung: Die Eier der Amphibien (Seite 4–27) werden in kleinen bis großen gallertigen Paketen (viele Froschlurche), in langen Doppelschnüren (Kröten) oder einzeln an Blättern (Molche) abgelegt. Das am Rücken des Weibchens sitzende Männchen der Froschlurche befruchtet die Eier im Augenblick des Austritts (äußere Befruchtung), während die Weibchen der Schwanzlurche die Spermien in Form eines vom Männchen abgesetzten Samenträgers (Spermatophor) aufnehmen, speichern und die Eier kurz vor der Ablage befruchten (innere Befruchtung). Amphibien entwickeln sich generell über Larven, selbst der lebendgebärende Alpensalamander macht dieses Stadium im Uterus durch. Die Beine (Vorderbeine zuerst) sind schon wenige Tage nach dem Schlüpfen entwikkelt, und bald sind nur mehr die großen büscheligen Außenkiemen das wesentlichste Unterscheidungsmerkmal zu den erwachsenen Tieren. Die Larven der Froschlurche (Kaulquappen) hingegen zeigen kaum Ähnlichkeit mit den Eltern. Den zunächst wie Embryos aussehenden und wenig beweglichen Larven wachsen als erstes äußere Kiemenbüschel, die etwas später durch innere Kiemen ersetzt werden. Mit dem kleinen hornlippigen Maul raspeln die Larven unaufhörlich die Oberfläche von Boden, Pflanzen und anderen Ge-

genständen ab. Der so aufgenommene pflanzliche (Algen) und tierische Aufwuchs, aber auch Aas werden in dem langen, spiralig aufgerollten Darm, der den Großteil des kugeligen Körpers ausfüllt, verdaut. Zur Fortbewegung dient der kräftige Ruderschwanz. Sehr spät entwickeln sich die Hinterbeine, die zunächst noch lange klein und unbrauchbar bleiben und erst auf dem Höhepunkt der Umwandlung zum Frosch (Metamorphose) rasch zu wachsen beginnen. Die Vorderbeine bilden sich unter der Körperhaut heran und brechen erst ganz zum Schluß, fertig geformt, nach außen. Kopf und Verdauungstrakt sind den größten Änderungen unterworfen: die Mundspalte wird breit, die Augen groß und vorstehend, der Darm kurz und differenziert. Das nun schon als Frosch erkennbare Tier begibt sich an Land. Gleichzeitig werden Muskel- und Stützgewebe des Ruderschwanzes resorbiert.

Krötenkopf

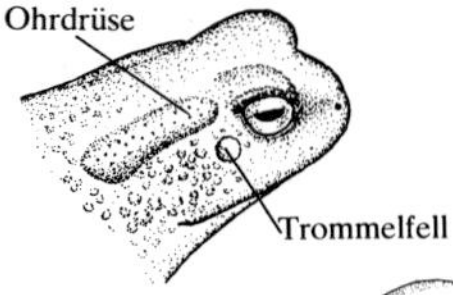

Eidechsenkopf

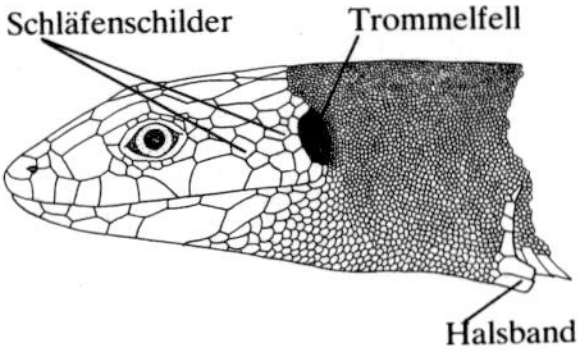

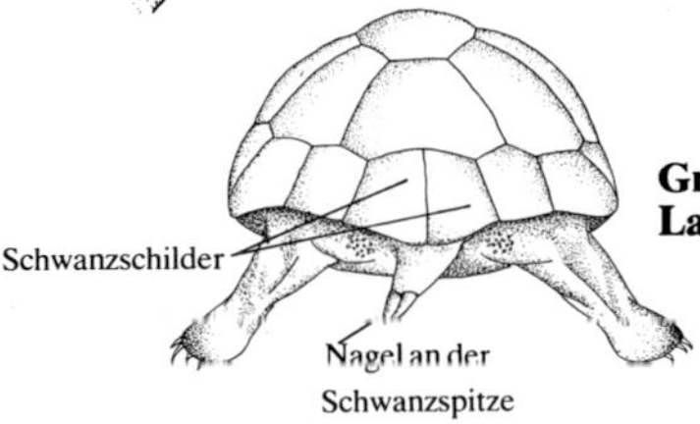

Griechische Landschildkröte

Die Paarungszeit der Reptilien (Seite 28–72) fällt in das Frühjahr. Zu dieser Zeit sind die Männchen vieler Echsenarten besonders prächtig gefärbt und führen mit anderen Geschlechtsgenossen mitunter heftige Revierkämpfe aus. Die meisten Reptilien legen große, dotterreiche, pergamentschalige Eier, die in feuchter, aber warmer Erde oder in feuchtwarmem Sand vergraben werden. Die kalkigen Schalen der Gecko- und Schildkröteneier ermöglichen die Ablage an trockeneren Stellen. In warmen Regionen produzieren Eidechsen oft mehrere Gelege hintereinander. Bei einigen Reptilien findet die Eientwicklung im Uterus statt. Zwischen Embryo und Mutter findet meist nur ein Gasaustausch (Sauerstoff-Kohlendioxid) statt (oovivipar), während die Erzschleiche den Embryo über eine primitive Plazenta (Mutterkuchen) auch mit Nährstoffen versorgt (vivipar).

Zur Biologie der Amphibien und Reptilien

Haut: Amphibien (Seite 4–27) haben eine feuchte, drüsenreiche Haut; deshalb ist ihnen im allgemeinen der Aufenthalt in trockenen Lebensräumen unmöglich. Die wenigen Arten, die dennoch dort leben, sind tagsüber im feuchten Boden verborgen. Reptilien (Seite 28–72) hingegen sind aufgrund ihrer dicken, wasserundurchlässigen Hornhaut prädestiniert für ein Leben in Trockenheit und Hitze. Einige unter ihnen (Schildkröten, Schleichen) tragen unter der Hornschicht noch Hautknochen. Beide, Amphibien wie Reptilien, streifen von Zeit zu Zeit eine dünne Hornschicht ab, die vor allem bei Schlangen als »Natternhemd« auffällt (→ Seite 58).

Atmung: Amphibien decken ihren Sauerstoffbedarf auf verschiedene Weise: Die zarte, feuchte Haut ermöglicht einen Gasaustausch – sowohl in Luft wie in Wasser – an der gesamten Körperoberfläche. Diese Hautatmung reicht bei tiefen Temperaturen völlig aus; sie wird mit steigender Temperatur durch Lungenatmung (die Luft wird dabei verschluckt und nicht wie vom Menschen mittels Unterdruck eingesogen) und Mundhöhlenatmung (kenntlich am Vibrieren des Mundbodens) bedarfsgerecht ergänzt. Auch Wasserschildkröten können mit Hilfe der Mundhöhle und des mit Wasser auffüllbaren Analsackes dem Wasser Sauerstoff entnehmen (Überwinterung am Gewässerboden). Kiemen sind neben der Haut die wichtigsten Atmungsorgane der Amphibienlarven.

Die **Selbstverstümmelung** (Autotomie) ist für Eidechsen, Blindschleichen und Geckos oft der letzte Ausweg, ihren Verfolgern zu entrinnen. Der Schwanz kann, sobald er ergriffen wird, an einer vorgeformten Stelle des Wirbelkörpers durch Muskelkontraktionen abgebrochen werden. Der abgeworfene, wild zappelnde Schwanz erregt die Aufmerksamkeit des Ergreifers derart, daß sich das verfolgte Tier häufig in Sicherheit bringen kann. Der Schwanz wächst im Laufe von Wochen und Monaten wieder nach, erreicht aber weder in der Länge noch im Aussehen das Original (vor allem bei Blindschleichen).

Beutefang bei Schlangen: Natrix-Arten verschlingen ihre Beute lebend und nicht selten spuckt eine frisch gefangene Ringelnatter die gerade verschluckte Kröte aus, die dann allmählich wieder »lebendig« wird. Alle anderen Nattern umschlingen blitzschnell ihre mit den Kiefern erfaßte Beute und erwürgen sie. Vipern hingegen brauchen sich dank ihres wirksamen Giftes nicht auf einen Zweikampf mit der Beute einzulassen – ein kurzer Biß genügt. Mit Hilfe der dünnen zweizipfeligen Zunge und eines hochempfindlichen Geruchsorgans (Jakobsonsches Organ) folgt die Schlange der oft meterlangen Spur der Beute.

Entwicklung eines Grasfrosches

Laichballen in unterschiedlichem Entwicklungszustand.

Frisch geschlüpfte Larven mit äußeren Kiemen.

Kaulquappe mit noch kaum entwickelten Hinterbeinen.

Kaulquappe am Beginn der Metamorphose: Wachstum der Hinterbeine.

Beide Beinpaare sind voll entwickelt, der Kopf wird froschähnlich.

Voll entwickelter Frosch verläßt das Wasser, vom Kaulquappenschwanz ist nur noch ein Stummel vorhanden.

Das Schlangengift

In Europa können sieben Schlangenarten für den Menschen lebensgefährlich werden: Kreuzotter, Aspisviper, Hornotter (→ Seite 68–70), die nur lokal im äußersten Südosten unseres Kontinents (Westkykladen beziehungsweise europäische Türkei) vorkommenden Arten – die Levante- und die Bergotter – und unter unglücklichen Bedingungen auch Wiesen- und Stülpnasenotter. Als Vipern sind diese Schlangen, obwohl sie häufig mit ihnen verwechselt werden, leicht von harmlosen Artgenossen zu unterscheiden (→ Umschlagseite 3). Gift wird selbst von der als ungiftig bezeichneten Ringelnatter produziert, aber erst die Entwicklung eines »Injektionsapparates« macht es zur tödlichen Waffe. Bei Vipern ist dieser Giftapparat am differenziertesten ausgebildet: der stark verkürzte Oberkiefer trägt eine taschenmesserartig ausklappbare Giftkanüle, mit der das Gift beim Biß tief ins Gewebe der Beute injiziert wird. Außereuropäische Giftnattern, so die Kobra, tragen unbewegliche und wesentlich kürzere Giftzähne, während Trugnattern (→ Seite 66, 67) nur mit einem gefurchten, wenig verlängerten Giftzahn im hinteren Teil des Oberkiefers ausgestattet sind und deshalb je nach ihrer Größe für Menschen kaum (Eidechsennatter) oder überhaupt nicht gefährlich sind.

Primär dient der Giftapparat dem Beutefang und der Verdauung. Neben einer Reihe toxischer Substanzen, die unter anderem Blut, Kreislauf sowie Nerven- und Muskelfunktionen der Beutetiere schädigen, werden in der Ohrspeicheldrüse auch Verdauungsenzyme produziert, die Eiweiß und Bindegewebe auflösen und so die Verdauung der oft sehr großen und als Ganzes verschlungenen Tiere von innen her ermöglichen. Vom Blutgefäßsystem rasch verteilt, wirkt das Gift nicht nur an der Bißstelle, sondern im ganzen Körper.

Bisse europäischer Vipern haben beim Menschen oft schwere Erkrankungen zur Folge, wirklich lebensbedrohend sind sie für alte, schwache, kranke und sehr junge Menschen oder dann, wenn empfindliche Körperstellen (Kopf, große Venen) betroffen sind.

Erste Hilfe bei Schlangenbiß

Es gibt sehr viele und in der älteren Literatur vor allem widersprüchliche Ratschläge für die erste Hilfe bei Schlangenbissen. Das erste Gebot jedenfalls lautet: *Ruhe bewahren und so schnell wie möglich zum Arzt!*

Bei Bissen in Arme oder Beine kann in der Zwischenzeit durch Ruhigstellung und Abbinden des betroffenen Gliedes oberhalb der Bißstelle mit einem Band die Verbreitung des Gifts im Körper verlangsamt werden (venöser Stau; alle 20 Minuten das Band für

10 Minuten lockern; diese Behandlung insgesamt nicht länger als 2 Stunden durchführen!).
Vor einem Aufschneiden der Wunde muß gewarnt werden; mit dem erforderlichen tiefen Schnitt können in der Panik allzu oft Sehnen oder große Blutgefäße durchtrennt werden! Auch vom Aussaugen der Wunde ist wegen der Gefahr einer Sekundärvergiftung im Mundbereich abzuraten. Das ständige Mitführen von Schlangenseren ist nicht sinnvoll, denn Serum verdirbt schnell; überdies darf es keinesfalls von Laien verabreicht werden (mögliche Serumunverträglichkeit kann zum Tod führen). Vor einer Serumbehandlung sollten auch unbedingt erste Vergiftungserscheinungen – Anschwellen und starkes Brennen der Bißstelle (plötzliche Übelkeit kann auch Folge eines Schocks sein) – abgewartet werden, denn nicht immer ist tatsächlich Gift in das Gewebe injiziert worden, oft war es auch keine Giftschlange, die gebissen hat.
Trotz der möglichen ernsthaften Folgen eines Schlangenbisses sollte die Gefährlichkeit der Schlangen nicht übertrieben werden. Selbst bei Ausflügen querfeldein ist, entsprechende Bekleidung (festes Schuhwerk, lange Hosen) und »offene Augen« vorausgesetzt, ein unliebsamer Kontakt mit Vipern äußerst unwahrscheinlich. Denn auch Vipern versuchen bei einer Begegnung mit dem Menschen zunächst zu fliehen und setzen ihre Waffen erst ein, wenn sie in Bedrängnis geraten.

© Gräfe und Unzer GmbH, München
Nachdruck, auch auszugsweise, sowie Verbreitung durch Film, Funk und Fernsehen, fotomechanische Wiedergabe und Tonträger jeder Art nur mit Genehmigung des Verlages.

Redaktionsleitung: Hans Scherz
Lektorat: Doris Schimmelpfennig-Funke
Zeichnungen: Dr. Rudolf Hofer
Einbandgestaltung: Ute Zahlmann, München

Offsetreproduktion und Druck: Graph. Anstalt E. Wartelsteiner, Garching
Bindung: Druckerei Ludwig Auer, Donauwörth
ISBN 3-7742-2432-3

Die Fotografen:
Angermayer/Pfletschinger: 7 oben, 9, 23, 73; Angermayer/Reinhard: 12; Angermayer/Ziesler: 18; Bechtel: 32 unten, 47 unten, 63 unten; Bellmann: U 1, 4 oben, 13, 19 unten, 25 unten, 28, 54 oben; Danesch: 5; Dossenbach: 60, 68; Griehl/Müller: 35; Dr. Haarhaus: 15, 16, 32 oben; Hofer: 8 oben, 21, 22, 24, 25 oben, 29, 31 oben, 33, 34 oben, 36, 38, 40, 41, 42 unten, 43, 44, 45, 46, 47 oben, 49, 51, 52, 57, 61, 63 oben, 66, 67, 72; Dr. R. König: 26, 27, 34 unten, 39, 58 oben; Layer: 48; Limbrunner: 4 unten, 64, 71; Meyer: 8 unten, 54 unten; Paysan: 31 unten; Pforr: 69; Reinhard: 11, 50, 53, 62 oben, 65, 70; Rohdich: 30; Schwammberger: 14; Singer: 62 unten; Thaler: 6; Trutnau: 20, 59; Weber: 58 unten; Wothe: 19 oben, 55; Zeininger: 7 unten, 10, 17, 37, 42 oben, 56.

GU Bestimmungs-Kompasse:

Einstecken – Natur entdecken.

Die beliebten Natur-Entdecker im Einsteckformat. Randvoll mit brillanten Farbfotos der besten europäischen Pflanzen- und Tierfotografen. Mit präzisen und leicht verständlichen Beschreibungstexten bekannter Experten. Ein knautschbarer, abwischbarer Plastikeinband schützt sie sicher und dauerhaft.

Gräfe und Unzer Verlag München